安保改定60年Ⅱ　「思いやり予算」異常な経費負担の構造

目　次

はじめに

当たり前のことですが、私たち国民は国や地方自治体に税金を払い、その税金は国民の生活向上のために使われます。ところが今、年間8000億円もの税金が米軍のために費やされています。文部科学省の私学助成関係費（2020年度予算で4106億円）の約2倍もの金額です。しかも、8000億円のうち約半分は、米軍「思いやり予算」をはじめ、法的にも日本に支払い義務がないものです。

戦後75年たった今なお、日本全国に130を超える米軍基地が置かれ、10万人もの米軍関係者が駐留している最大の理由は、日本を守るためではなく、日本が駐留経費の大半を支払っており、米本土に置くより安上がりだからです。逆に言えば、不当な駐留経費の削減は、基地撤去の大きな力となります。

日米安保条約改定から60年となる2020年、「しんぶん赤旗」では、「シリーズ安保改定60年」という企画を3部作で掲載し、異常な対米従属の構造と、そこから抜け出していく展望を解明してきました。このパンフレットでは、異常な米軍経費負担の構造に迫った第3部を収録。20年11月の米大統領選で共和党・トランプ大統領が敗北し、民主党・バイデン前副大統領が勝利したことを受け、大幅に加筆・修正しました。なお、第1部はすでにパンフレットとして刊行されています。（『安保改定60年「米国言いなり」の根源を問う』日本共産党中央委員会出版局）

（担当：政治部・竹下岳、柳沢哲哉、斎藤和紀、石黒みずほ）

1 米軍に税金24兆円、年8000億円

「思いやり」開始43年で

この国はいったい、誰を思いやっているのか――。在日米軍の活動経費のうち、日本側負担分（在日米軍関係経費）が、米軍「思いやり予算」の計上が始まった1978年度から2020年度までの累計で、約23兆9500億円に達することが分かりました（注）。外務省・防衛省の資料に基づいて「しんぶん赤旗」が計算しました（**次ページのグラフ**）。78年度の1760億円から、2018年度には8022億円と、ついに年間8000億円を超えました。その後も概ね、8000億円規模で推移しています。

第2次安倍政権以降、軍事費が2013年度から9年連続で前年度比を上回り、7年連続で過去最高を更新しています。その大きな要因となっているのが、米国の武器輸出制度「有償軍事援助」（FMS）に基づく米国製武器の大量購入に加え、こうした米軍関係経費の膨張です。

協定の根拠なし

日本政府が在日米軍の活動経費を負担する法的根拠になっているのが、1960年に改定された日米安保条約第6条に基づく日米地位協定です。

在日米軍関係経費の推移

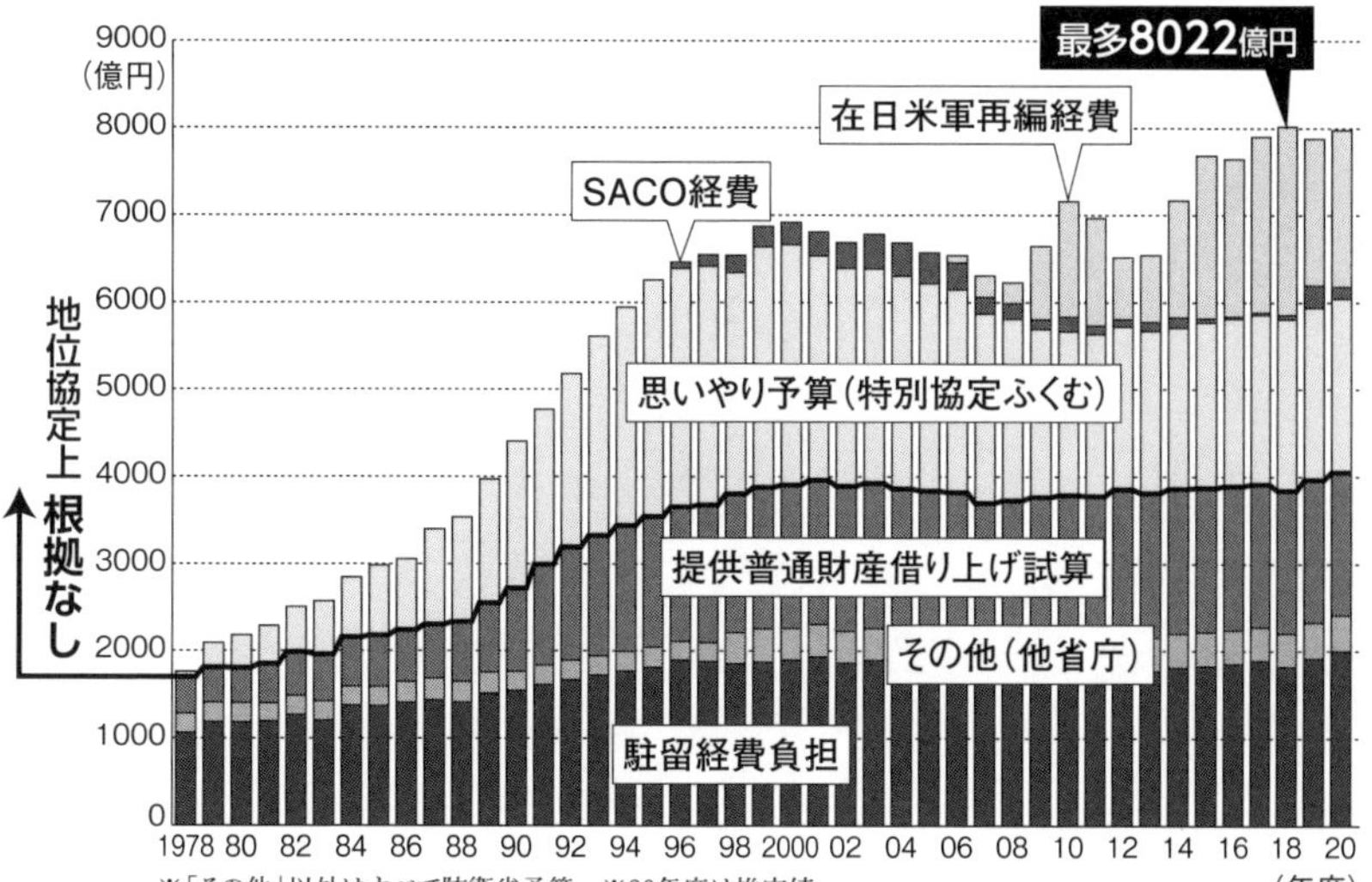

※「その他」以外はすべて防衛省予算　※20年度は推定値

「日本国に合衆国軍隊を維持することに伴うすべての経費は、2に規定するところにより日本国が負担すべきものを除くほか、この協定の存続期間中日本国に負担をかけないで合衆国が負担することが合意される」

地位協定24条は、こう明記しています。その上で、同条2項は、日本側が負担すべき費目として、①施設・区域（基地や訓練区域など）、②路線権（空港・港湾への出入り）を米軍に提供するための、所有者や提供者への補償を行うとしています。

これを素直に解釈すれば、日本が負担するのは基地の地代や地主への補償などに限られ、それ以外はすべて、米側が負担することになります。実際、１９６０年代まではそのような運用がなされており、政府も、「（施設・区域に）米軍が入りました後においていろいろな備品をつくる、設備をつくる、家を

在日米軍関係経費の構造（防衛省資料に基づく）

(1) 在日米軍の駐留に関する諸経費	周辺対策、民公有地の賃料、リロケーション、その他（漁業補償など）	
	思いやり予算（在日米軍駐留経費負担）	労務費（福利費等）、提供施設整備（FIP）
		特別協定分：労務費（基本給、各種手当）、光熱水費、訓練移転（NLP）
	防衛省以外	基地交付金、調整交付金など（総務省） 基地従業員転職給付金など（厚生労働省） 提供普通財産借上試算（国有地の賃料）
(2) SACO経費	米軍基地「移設」（高江ヘリパッドなど）、訓練移転（県道104号越え実弾演習など）、SACO交付金など	
(3) 米軍再編経費	米軍基地「移設」（辺野古新基地など）、自衛隊司令部移転、訓練移転（オスプレイなど）、米軍再編交付金など	

建てる、これは自分でやるのが今、建前になっておる」（1970年8月18日、衆院内閣委員会で山上信重防衛施設庁長官）と明言していました。

しかし、1978年度に米軍「思いやり予算」と称して、基地従業員の福利費など62億円を負担。翌79年度には施設建設費まで負担を開始したのを契機に、「SACO（沖縄に関する日米特別行動委員会）経費」（96年度〜）や「在日米軍再編経費」（名護市辺野古の新基地建設など、2006年度〜）という協定上の支払い義務がない費目をなし崩し的に拡大。今日、在日米軍関係経費は年8000億円規模まで膨張しました。

経費負担の構造

防衛省は在日米軍関係経費を（1）在日米軍の駐留に関する諸経費、（2）SACO経費、（3）在日米軍再編経費――に3分類しています。

（1）在日米軍の駐留に関する諸経費（思いやり予算など）

米軍思いやり予算（在日米軍駐留経費負担）の推移

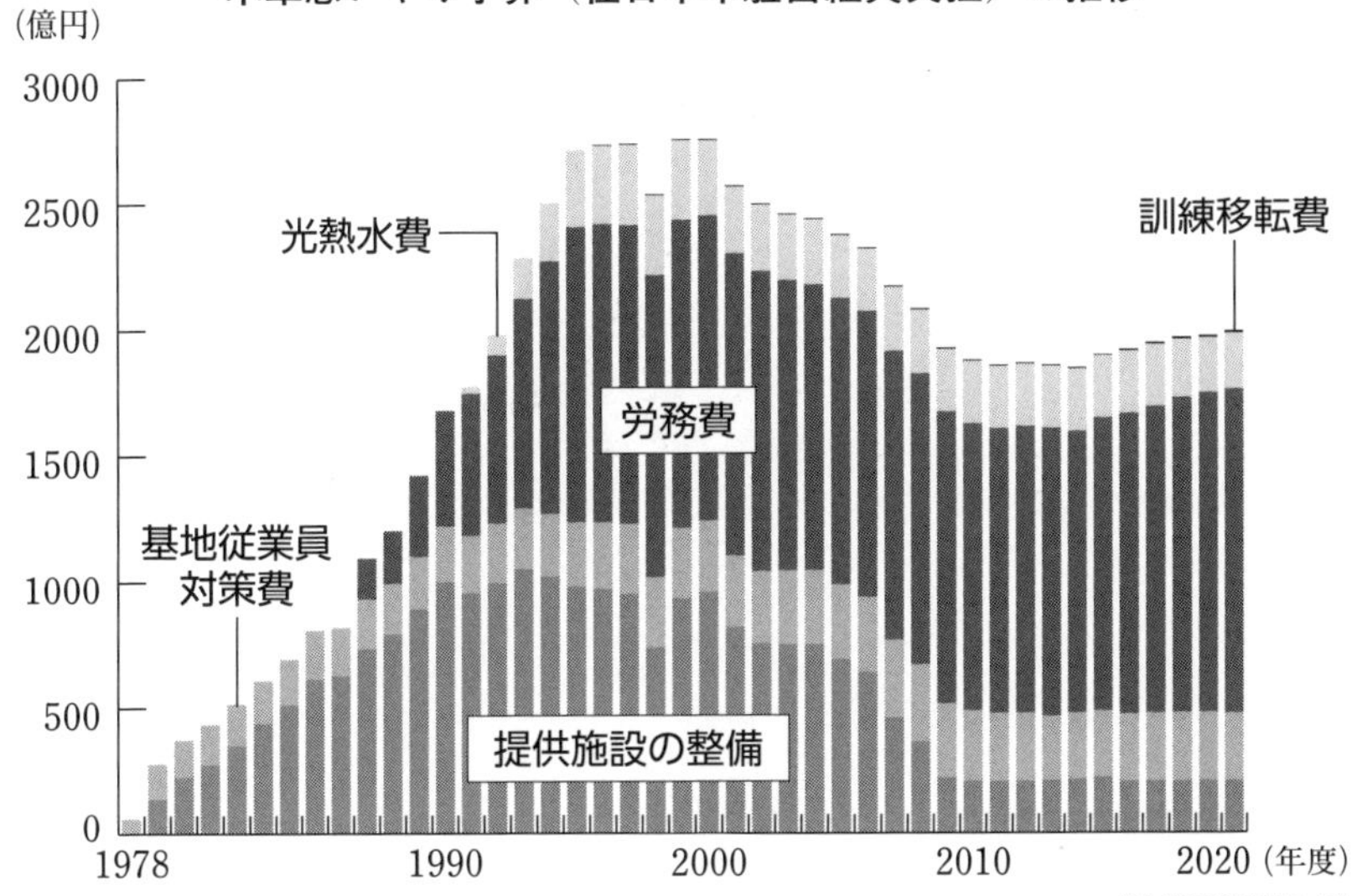

（防衛省資料から）

この分野は、大きく二つに分かれます。一つは日米地位協定上、日本に負担義務が生じると解釈される費目です。①基地周辺対策、②米軍用地の賃料、③リロケーション（移転）、④漁業補償などに加え、防衛省以外の省庁が払う費目があります。防衛省や外務省の資料によれば、基地を抱える自治体に支払う基地交付金、調整交付金など（総務省）、基地従業員の転職給付金など（厚生労働省）、提供普通財産借上試算（国有地の賃料相当分）です。これらは現在、在日米軍関係経費のおよそ5割を占めています。

もう一つが「在日米軍駐留経費負担」＝いわゆる米軍「思いやり予算」です。主な費目は、①提供施設整備（FIP）、②基地従業員の労務費（福利費など）、③労務費（基本給）、④光熱水料、⑤訓練移転費（NLP＝夜間離着陸訓練）です。政府は、①②は地位協定の範囲内だと主張。③④⑤は1987年度から始まった特別協定を根拠に負担しています。2016～20年度の協定は、5年間で9465億円を支払うことになっています。「思いやり予算」については、この後の章で詳しく説明します。

(2) SACO経費

1995年9月の少女暴行事件を受け、沖縄県では「島ぐるみ」で基地の整理・縮小・撤去を求める世論が高まりました。これをかわすため、日米両政府は96年12月2日、「SACO最終報告」を発表。①普天間基地の沖縄本島北部への「移設」②新たなヘリパッド建設を条件とした、北部訓練場の「過半」返還③県道104号越え砲撃演習の本土移転＝など、「移設条件付き

土砂投入が強行される辺野古沿岸＝2020年9月3日、沖縄県名護市（小型無人機で撮影）

SACO経費に基づく主な事業

①沖縄県内での「移設条件」付き土地返還（北部訓練場、読谷飛行場、楚辺通信所、安波訓練場、ギンバル訓練場、瀬名波通信所）
②訓練移転（県道104号越え実弾演習、パラシュート降下訓練）
③SACO見舞金（米軍の事件・事故に伴う被害者への見舞金）
④騒音軽減のための整備
⑤関連自治体への交付金（SACO交付金）、基地周辺対策など

返還」＝基地たらい回しを打ち出しました。

（3）米軍再編経費

米国は2002年以降、地球規模の米軍再編に着手。その一環として、日米両政府は06年5月1日、「在日米軍再編ロードマップ」を合意しました。「抑止力の維持と地元負担の軽減」を口実に、①沖縄県名護市辺野古への新基地建設（沿岸部の埋め立て）、②厚木基地（神奈川県）の米空母艦載機部隊の岩国基地（山口県）への移転、③在沖縄米海兵隊のグアム移転に伴う基地建設――など、基地の大規模な再編・強化を盛り込みました。

オスプレイやF15戦闘機など、在沖縄基地の米軍機の訓練移転も盛り込み、日

在日米軍再編経費でつくられた米軍住宅地区
「アタゴヒルズ」＝山口県岩国市

在日米軍再編経費に基づく主な事業

①在沖縄米海兵隊のグアム移転
②沖縄県における基地再編（辺野古新基地、『嘉手納以南』基地の統合）
③米陸軍司令部再編（キャンプ座間など）
④米空母艦載機の岩国基地移転
⑤航空自衛隊鹿屋、新田原基地の米軍の「緊急時」使用のための整備
⑥訓練移転（米軍機の訓練移転）
⑦米軍再編交付金、基地周辺対策
⑧キャンプ座間、横田基地への自衛隊司令部移転

「思いやり予算」で建設された沖縄・嘉手納基地のシェルター

本全土に基地被害の拡大をもたらしました。当時、再編経費は総額で3兆円に達するといわれましたが、辺野古新基地建設が当初見積もりを大幅に上回っているので、さらに経費がかさむ見通しです。

累計で10兆円

在日米軍関係経費43年の累計約23兆9500億円のうち、「思いやり予算」は7兆6653億円、SACO経費は4515億円、米軍再編経費は1兆8077億円となっています。地位協定にさえ規定されていない経費負担は、出発点の62億円から、今日では年間約4000億円、累計で10兆円近くまで膨れ上がったのです。

(注)在日米軍のための経費負担は、土地の賃料や自治体への交付金など、1978年度以前にも当然行われていますが、まとまった資料が残されておらず、統計的に把握することは困難です。また、いわゆる「在日米軍関係経費」以外にも米軍への支出はあります。たとえば、道路建設や民間インフラの建設に伴う米軍施設の移転費用などで、これまでに国土交通省や農林水産省の負担が明らかになっています。沖縄返還費用(後述)や1990～91年の湾岸戦争の経費負担1兆4900億円などもあります。

2 米軍経費負担＝屈辱の日米交渉史

第2次世界大戦の勝者となった米国は戦後、地球規模で基地・同盟ネットワークを広げ、侵略と干渉のテコにしてきました。同時に、「西側世界を守るため」という大義名分を掲げ、一定の経済力や軍事力を有する同盟国に集団的自衛権の行使や兵たん支援、米軍駐留経費の負担といった、「負担分担」を要求してきました。

こうした考えを背景として、米軍への経費負担は日米安保体制の発足と同時に始まりました。1952年4月28日に発効した旧日米安保条約に基づく日米行政協定25条に、米軍の輸送や役務・物資調達のため年1億5500万ドル相当の負担が明記されました。「防衛分担金」と呼ばれ、政府は53年度に620億円を計上。56年度までに2655億円を計上しています。

ただ、米軍への過剰な経費負担に国民の批判が集中。60年1月の安保改定に伴って締結された日米地位協定では、「防衛分担金」制度は廃止され、すでにふれたように、地代や補償、自治体への交付金などに限定しました。この原則が崩れる大きな転機となったのが沖縄返還交渉でした。

「思いやり予算」の起源は沖縄返還

1969年11月21日の佐藤・ニクソン共同声明で、沖縄返還が正式に合意されましたが、米側は日本に返還費用の負担を要求。日本側は3億2000万ドルの負担で合意しましたが、これとは別に、2億ドルを負担するという密約の存在が明らかになっています。（69年12月2日付柏木・ジューリック秘密覚書）

このうち、在沖縄基地の再編に伴う基地の改修費6500万ドルに関して、71年6月9日付公電によれば、愛知外相・ロジャース国務長官との会談で、愛知氏は「（地位協定の）リベラルな解釈」を「保証」すると約束。その結果、日本政府は73年から76年にかけて、米軍基地の大規模な再編経費を負担することになったのです。

当時、米側は沖縄からの「核撤去」には応じる代わりに、残る基地の維持や運用の自由を最大限求め、それがなければ沖縄の施政権返還には応じられないという姿勢で臨んでいたことが、当時の米側文書から浮かび上がっています。（注）

こうした動きと並行して、ピーターソン大統領補佐官（国際経済担当）は71年8月24日付の米政府部内討論用文書で、「日本と返還後の沖縄に駐留する米軍を維持する円建てコストについての財政負担増大を、日本に受諾させるよう努力する」とし、国防総省に研究を求めました。現在の「思いやり予算」の原型と言えるものです。同年8月5日、ニクソン大統領が「金ドル兌換《だかん》停止」を発表し、大幅な円高が予想されたことが背景にありました。ただ、米政府高官からは慎重論が相次ぎ、いったんは見送られました。

〝「思いやり」の精神〟

しかし、円高ドル安の加速に伴い、70年代半ばから、駐留経費の負担要求は再び高まります。米政府監査院（ＧＡＯ）が米議会に提出した77年6月15日付報告書で、日米地位協定の規定を承知の上で、「日米のより対等な費用分担の枠組み」を提起。円高で日本人従業員に支払う給与が大幅に増えたとして、①労務費の負担、②基地の共同使用――などを要求しました。

同年9月、米側は日本に労務費の負担を正式に要求。12月22日、78年度から労務費の一部を負担することで合意しました。ところが米側はそのわずか18日後、次の要求に踏み出しました。

在日米大使から米国務省への78年1月9日付公電は、「『大平解釈』が日本側で支配的になっている」とした上で、「われわれは追加的な計画、とくに住宅を日本側に提案するよう薦める。日本側がさらなる支援に対価を払うことは可能だ」と述べています。（米民間機関ナショナル・セキュリティ・アーカイブ、以下ＮＳＡ）

「大平解釈」とは、基地改修費の負担に関する地位協定の「リベラルな解釈」が国会で問題になった際、大平正芳外相（当時）が73年3月13日の衆院予算委員会で、これを「理解できる」とした答弁を指すと考えられます。

米側はただちに住宅など施設建設費の支払いを要求。当時の金丸信防衛庁長官は78年6月の日米防衛相会談で、「日米関係をより強固なものにするために、思いやりの精神で駐留費の分担に応じる」と応じました。これが、「思いやり予算」の語源とされています。

「思いやり予算」拡大の経緯

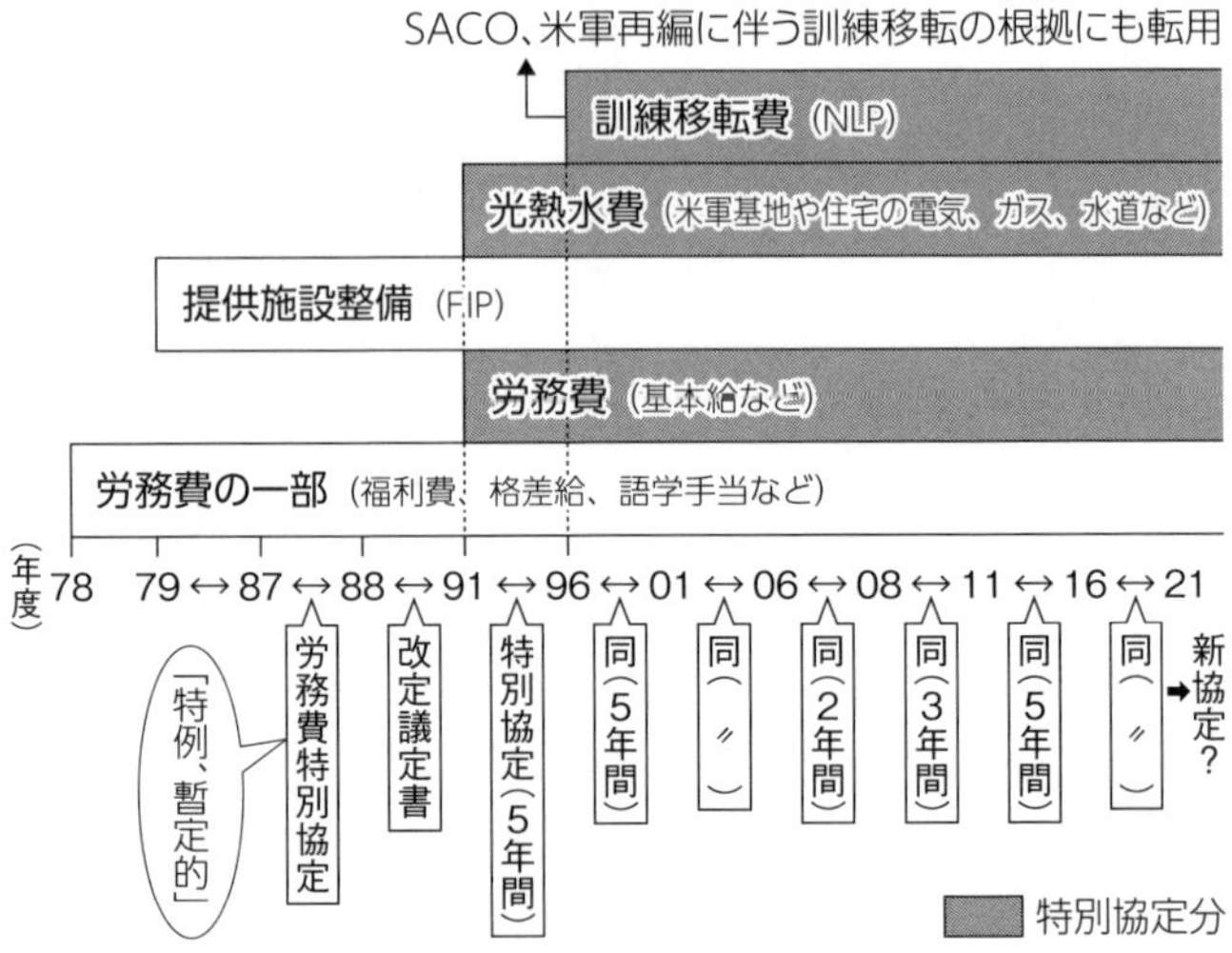

〝負い目〟を利用

日本側は79年度から、住宅や学校、娯楽施設、さらに滑走路や核シェルター、空母のふ頭など戦闘関連施設にまで着手しました。

日本側がいったん「リベラルな解釈」を受け入れたら、後はいくらでも解釈を変えられる——。味を占めた米側の要求は拡大の一途をたどり、ついに「解釈」さえ限界に達しました。そこで87年、労務費のうち時間外手当などの支払いを定めた5年間の「労務費特別協定」を締結。政府は当時、「特例、暫定的な一時的措置」だと説明していました。

ところが、92年度の期限も終了しない91年に、光熱水費や労務費の基本給（=給与全額）の支払いを含む新協定が締結されました。イラクのクウェート侵攻という、いわゆる湾岸危機が発生した直後の90年9月29日の日米首脳会談議事録（NSA）によれば、海部俊樹首相（当時）は、自衛隊の派兵は憲法解釈上できないと主張。ブッシュ大統領（同）は「憲法上の制約を

米軍家族住宅＝沖縄県浦添市

全面的に理解する」と応じた上で、「もし接受国支援（駐留経費負担）を91年に増やせば、わが国に良いシグナルを送ることになるだろう」と切り出したのです。海部氏は「米国のために最大限努力する」と応じました。

米側は「憲法上の制約」で海外派兵の要請に応じられないという〝負い目〟を露骨に利用したのです。96年度には米空母艦載機のＮＬＰ（夜間離着陸訓練）移転経費まで加わり、「特例、暫定的」とされた特別協定は事実上、恒久化されました。

２０２０年度の「思いやり予算」は１９９３億円ですが、このうち特定協定分は１５２０億円で、実に76％を占めています。

世界でも突出、異常な負担

米国は１９９５年、日本を含む同盟国による経費負担を「共同防衛」のための「責任分担」だとして正当化。同年から２００４年まで「共同防衛に対する同盟国の貢献度」報告を公表し、「貢献度」を競わせてきました。

04年版によれば、日本は労務費、施設建設費、光熱水費などの「直接支援」が32・28億ドルで、2番目に多い韓国（4・86

米同盟国の米軍駐留経費総額に占める各国の割合（2004年版米国防総省「貢献度報告」から）

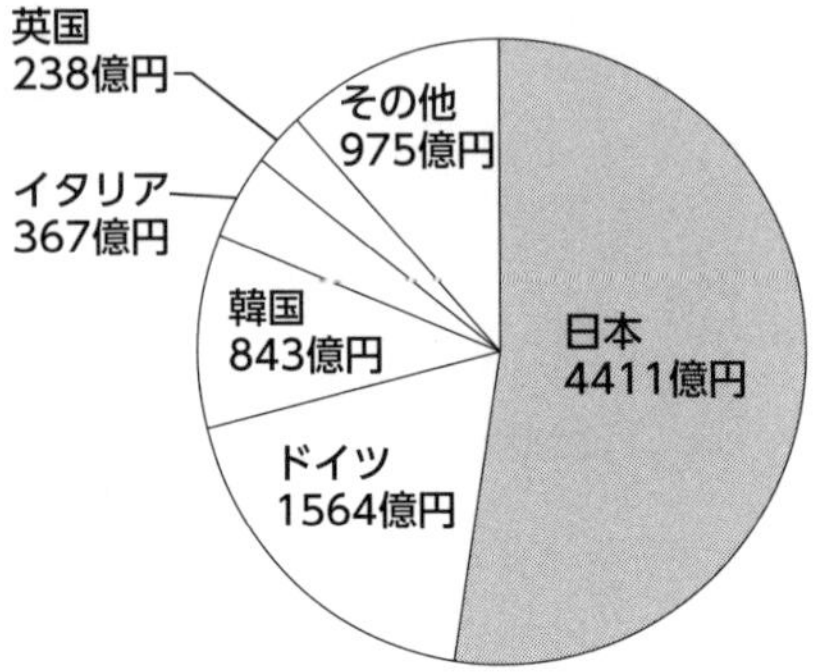

億ドル）の約6・6倍と突出しています。さらに、02年現在、米国の同盟国27カ国が米軍のために負担した金額の総計約83億9700万ドルのうち、日本が支出した金額が約44億1100万ドルで、一国だけで全体の53％を占めます。

また、各国に駐留する米軍の活動経費の負担割合は5割程度ですが、日本は約75％を負担しています。「貢献度報告」は、「（駐留米軍の）費用負担は歴史的に、日本と韓国との2国間防衛関係において、とりわけ際立っている」と指摘しています。

「貢献度報告」は現在、公表されていませんが、韓国政府の2012年資料によれば、日本は4053億円。2番目に多い韓国（770億円）の5・3倍で、世界でも突出した、異常な経費負担は変わっていません。

抑止力？

日本はなぜ、これだけ米国言いなりに経費負担を拡大してきたのか。防衛省は、日本に対する武力攻撃が発生したとき、日米安保条約5条に基づいて共同対処を迅速に行うために米軍の駐留が不可欠であり、そのために必要な施設・区域、そして駐留経費を負担していると説明しています。

しかし、在日米軍の大半は空母遠征打撃群や海兵遠征軍など、「日本防衛」とは無縁の遠征部隊で構成されており、概ね1年の半分は海外遠征をおこない、残りは休養や整備、さらに次の遠征に向けた訓練というサイクルになっています。朝鮮半島、インドシナ、中東への派兵を繰り返し、現在の最大の戦略目標は南シナ海や東シナ海での「中国抑止」です。日本政府はその足場を提供しているにすぎません。

実際、ベトナム戦争の泥沼化による財政悪化の中、米国防総省が1968年、当時未返還だった沖縄を含む日本には「日本防衛のための基地は一つもない。いくつかの部隊が副次的に、そのような任務を持っているだけだ」との認識を示し、普天間基地を含む大幅な基地削減を検討していたことが明らかになっています。

極秘文書「日本と沖縄の米軍基地・部隊」（68年12月6日付＝NSA）によれば、在沖縄海兵隊の大半やキャンプ座間（神奈川県）、佐世保基地（長崎県）など11の削減リストを提示。さらに、閉鎖や機能停止の航空基地として三沢（青森県）、立川（東京都）、大和（同）、厚木（神奈川県）、岩国（山口県）、板付（福岡県）、普天間（沖縄県）を列挙。残す基地は横田（東京都）、嘉手納（沖縄県）、那覇（同）に絞っていました。

文書は、日本と沖縄の基地は「朝鮮半島有事」やインドシナ半島など「南西アジア」防衛のためだと述べ、「（基地削減で）戦闘能力や南西アジア防衛のための将来的な沖縄・日本の（基地）使用を減じない」と強調。自衛隊基地の「共同使用権」を確保することで、同盟国との条約にかかわる紛争に対処できるとしています。

この削減計画には反対論が相次ぎ、撤回されましたが、「抑止力」論の虚構ぶりと、日本政府の経費負担がなければ、在日米軍基地の維持はたちどころに不可能となる可能性を示しています。

（注）沖縄返還に関する米政府決定文書「国家安全保障決定覚書13号」（ＮＳＤＭ13、１９６９年5月28日）はこう述べています。

「韓国、台湾、ベトナムに関連して、軍事基地を最大限、自由に通常使用する」「我々の要望は、沖縄における核兵器を維持することだが、他の合意が満足のいくものなら、有事核貯蔵および通過の権利の保持とあわせて、大統領は（核）兵器の撤去に言及するだろう」。つまり、基地の自由使用権などの諸条件を前提として、核兵器の一時的な撤去に応じるというものです。

3「撤退」かざし「4.5倍払え」

それでも、政府は、在日米軍は「抑止力」であり、米軍駐留ぬきの安全保障戦略を描けないという「思考停止」に陥っており、懸命に米軍を引き留めようとしています。そこにつけこみ、「日本からの米軍撤退」で恫喝《どうかつ》し、駐留経費の大幅増を勝ち取ろう――。そう考えたのが、ドナルド・トランプ氏でした

「（日本からの）80億ドル（約8500億円）と（韓国からの）50億ドルを得る方法はすべての米軍を撤退させると脅すことだ」。トランプ大統領の補佐官（国家安全保障担当）を務めていたジョン・ボルトン氏が2020年6月に刊行した「ジョン・ボルトン回顧録」（日本語版は9月）で、トランプ米大統領の発言が暴露され、衝撃を与えました。

トランプ氏の念頭にあったのは、2021年3月に期限が切れる在日米軍駐留経費負担（「思いやり予算」）特別協定。「応じなければ米軍を撤退させる」と脅して、現在の年約2000億円を、一気に4・5倍の8500億円まで引き上げようという荒唐《こうとう》無稽《むけい》な要求です。

コストプラスX

「回顧録」によれば、トランプ氏は同盟国が米軍駐留経費の全額を支払い、さらに上乗せしよ

うという「コストプラスX％」という方式を長年温めていたといいます。米国と同盟国が米軍駐留経費を「負担分担」する従来の原則から、同盟国が全額負担し、さらに課金する――。驚くべき強欲ぶりです。

最初は「プラス25％」だったのが、最終的に「プラス50％」となり、その結果、韓国は従来の5倍、日本は4・5倍という数字になったといいます。日本に先立ち、この「コストプラス50％」方式に最初に直面したのが韓国でした。

韓国版「思いやり予算」である「米韓防衛費分担特別協定」（SMA）は1991年に導入され、基地従業員の労務費や施設建設費などを韓国側が負担。同協定の延長期限は2018年12月で、日米に先駆けて交渉が始まりました。韓国側は譲歩を重ねたものの、交渉はまとまらず、期限が1年延期されました。

ボルトン氏の回顧録によれば、19年4月、トランプ米大統領は訪米した韓国の文在寅《ムンジェイン》大統領との昼食会で、「（韓国への）米軍駐留経費は50億ドルかかり、韓国からのテレビ輸入で、われわれは毎年40億ドル失っている」と述べ、従来の5倍となる「年50億ドル」の負担を正式に要求しました。

さらにトランプ氏は同年6月30日、G20大阪サミットを経て訪韓し、板門店の軍事境界線上で北朝鮮の金正恩《キムジョンウン》国務委員長と電撃会談した際も、文氏に「50億ドル」をゴリ押ししたといいます。

トランプ氏は、「われわれは韓国を守るために40億ドルを失っている。北朝鮮は核開発を進めており、もし米国が朝鮮半島にいなければ深刻な結果になっただろう」「私は金正恩と会うことができ、韓国を救った」と述べ、「支払い」を要求しました。

激しい米韓交渉

米韓の駐留経費負担をめぐっては、文氏は、すでに韓国は相応の負担に応じているとして、5倍増を強く拒否。結局、19年末になっても交渉はまとまらず、協定の期限が切れたため、在韓米軍基地の従業員が無給状態に追い込まれます。やむなく、韓国政府は20年末まで、従業員の給与全額を支払うため、約2億ドルを追加負担することで合意しました。

米在外基地で最も資産価値の高い基地の一つ、米海軍横須賀基地（米海軍ウェブサイトから）

韓国に加え、日本での駐留経費の大幅増の実現を命じられたボルトン氏は19年7月下旬、日本を訪問。谷内正太郎国家安全保障局長（当時）に、現行の約4・5倍となる「思いやり予算」年80億ドル（約8500億円）を、伝達しました。

思いやるべきは国民

トランプ氏の姿勢は傲慢《ごうまん》そのものですが、「守ってやっている」という思いあがった発想は、戦後、米国内に一貫して存在し続けているものです。同盟国に対する「恫喝の論理」を包み隠さず示してきたのがトランプ氏だったといえます。

日米両政府は、新たな「思いやり予算」特別協定の締結交渉を開始しました。2020年11月3日の米大統領選により、トランプ氏が退陣を余儀なくされたことで、「4・5倍増」という方針は撤回されます。同時に、新大統領となるバイデン氏は、同盟国に対して「防衛能力の向上」や「地域の安全保障に責任を負い、正当な分担に寄与する」（民主党政策綱領）よう求めており、軍事費の増額や自衛隊の役割・任務の拡大、さらに「思いやり予算」も、一定の増額を迫る可能性はあります。

「撤退」をほのめかされたら簡単に腰砕けになるような日米同盟依存、アメリカ言いなりの姿勢を改めない限り、厳しい交渉が予想されます。

金丸信防衛庁長官（当時）が、米軍に「思いやりの精神」を示したのが1978年でした。その3年後となる81年、政府は「臨調行革」路線を持ち込み、医療・福祉・教育切り捨てに乗り出しました。

そして2020年。新型コロナウイルスの感染拡大で苦難に直面する医療や国民生活を支援するため、かつてない財政出動が求められています。辺野古新基地建設も中止し、米軍「思いやり予算」も増額ではなく停止すべきです。思いやるべきは国民です。

4 国民の税金で戦争拠点整備

米国防総省の「基地構造報告」２０１８年度版によれば、在日米軍基地は資産評価額上位10基地のうち、７基地を占めます（**表**）。資産価値総額は約11兆円だとしています。地球規模での出撃を支えるための滑走路や格納庫、桟橋《さんばし》から住宅、学校、娯楽施設にいたるまで、「思いやり予算」などによって、日本政府が米軍への大盤振る舞いを続けてきた結果です。

防衛省が日本共産党の赤嶺政賢衆院議員に提出した資料によると、米軍「思いやり予算」に基づく提供施設整備費（ＦＩＰ）は１９７９年度から

米国の海外基地　資産評価額上位

（単位：100万ドル）

①ラムステイン（ドイツ・空軍）	12620
②嘉手納（日本・空軍）	12310
③横須賀（日本・海軍）	10208
④三　沢（日本・空軍）	8253
⑤岩　国（日本・海兵隊）	7233
⑥横　田（日本・空軍）	6833
⑦ハンフリーズ（韓国・陸軍）	5579
⑧瑞慶覧（日本・海兵隊）	5280
⑨横　瀬（日本・海軍）	4768
⑩トゥーレ（グリーンランド・空軍）	4676

思いやり予算で整備された横須賀基地（神奈川県横須賀市）の米原子力空母専用の12号バース（ふ頭、手前）

２０２０年度までで総額２兆３７９１億円に達しています。全国67の米軍基地で計１万３０５７件の施設を整備しました。

項目をみると、家族住宅や学校、育児所、病院、郵便局、スポーツ施設、ガソリンスタンド、消防署、教会、隊舎、工場、管理棟など多岐にわたり、71項目に及びます。

住宅から戦闘施設まで

特に巨額の資金を提供しているのは家族住宅です。整備数は１万１４６１件、約５５７７億円に達します。さらに滑走路（２件、約68億円）、桟橋（９件、約２９７億円）、整備施設（７件、約２６８億円）、訓練施設（11件、67億円）など、出撃や訓練、修理といった作戦行動に関わる施設まで整備してきまし

米軍「思いやり予算」による主な施設

施設名	整備数	予算額（単位：百万円）
家族住宅	11461	557665
学校	36	53163
育児所	22	11975
病院・診療所	20	29677
販売所・郵便局・銀行・ガソリンスタンド・放送施設	46	24384
青少年センター・コミュニティセンター・教会	14	7497
運動施設	49	34840
消防署・消火施設、防火施設	47	28992
隊舎（単身者用宿舎）	213	208733
管理棟	201	165803
倉庫	184	119580
教育施設・訓練施設	33	22623
工場・整備施設	170	151636
桟橋	9	29658
護岸	6	6147
滑走路	2	6761
整備用格納庫	20	39491
駐機場	6	17450
航空機えん体（シェルター）	46	41087

米軍基地施設整備（1979－2020年度）

県名	基地名	整備数	金額（単位：百万円）
青森	三沢飛行場	2221	275719
	八戸貯油施設	1	5733
	三沢対地射爆撃場	7	842
東京	横田飛行場	1436	197347
	赤坂プレス・センター	1	1475
	多摩サービス補助施設	3	819
	硫黄島通信所	38	26354
	南鳥島通信所※	1	1138
埼玉	キャンプ朝霞（一部東京都）	2	277
	所沢通信施設	1	106
	大和田通信所	1	894
神奈川	根岸住宅地区	3	2154
	横浜ノース・ドック	9	11317
	キャンプ座間	484	82153
	厚木海軍飛行場	929	115352
	相模総合補給廠	39	33462
	池子住宅地区	868	93727
	吾妻倉庫地区	8	18023
	横須賀海軍施設	957	249242
	相模原住宅地区	150	14148
	浦郷倉庫地区	9	2358
	鶴見貯油施設	3	5774
	上瀬谷通信施設※	11	5034
	深谷通信所※	3	795
	小柴貯油施設※	3	3073
静岡	富士営舎地区	46	21974
	沼津海浜訓練場		11
愛知	依佐美通信所※	2	527
広島	秋月弾薬庫	15	4947
	川上弾薬庫	15	6698
	広弾薬庫	10	5704
	呉第6突堤	9	1395
山口	岩国飛行場	844	392960

県名	基地名	整備数	金額（単位：百万円）
長崎	佐世保海軍施設	197	64762
	佐世保ドライ・ドック地区	2	217
	赤崎貯油所	22	22868
	佐世保弾薬補給所	1	65
	庵崎貯油所	6	9485
	横瀬貯油所	12	44133
	針尾島弾薬集積所	4	1378
	立神港区	11	13371
	針尾住宅地区	551	32659
沖縄	北部訓練場	6	3348
	奥間レスト・センター	5	1690
	伊江島補助飛行場	4	1778
	慶佐次通信所※	1	42
	キャンプ・シュワブ	37	27723
	辺野古弾薬庫	2	1974
	キャンプ・ハンセン	106	80705
	ギンバル訓練場※	1	93
	金武ブルー・ビーチ訓練場	1	105
	瀬名波通信施設※		4
	嘉手納弾薬庫地区	236	16802
	楚辺通信所※	1	69
	読谷補助飛行場※	3	338
	キャンプ・コートニー	465	38199
	キャンプ・マクトリアス	455	19532
	キャンプ・シールズ	366	19220
	トリイ通信施設	12	11644
	嘉手納飛行場	834	157850
	キャンプ桑江	8	5579
	キャンプ瑞慶覧	478	78499
	ホワイト・ビーチ地区	16	16047
	普天間飛行場	37	34502
	牧港補給地区	1030	72765
	那覇港湾施設	4	4918
	陸軍貯油施設	14	15218
合計		13057	約2兆3791億円

※は日本側に返還済み（日本共産党の赤嶺政賢衆院議員に提出した防衛省資料に基づき作成）

た。

　こうした「思いやり予算」で、10万人を超える人員（軍属や家族を含む）の常時駐留を可能にするとともに、日本政府がインフラを整備した基地で核攻撃態勢を維持し、さらにイラクやアフガニスタンなどに出撃して罪のない多くの住民を殺りくしてきました。日本国民はこうした税金の使われ方を望んでいません。

最新鋭の基地に

「思いやり予算」に基づく施設整備は基本的に、既存の基地にインフラを建設するものでしたが、１９９６年度から始まったＳＡＣＯ（沖縄に関する日米特別行動委員会）、２００６年度から始まった在日米軍再編は、「基地負担の軽減」のため、「移設」を口実に、最新鋭の基地を丸ごと建設するものに変容しました。

　その最たるものが、米海兵隊の航空基地・普天間基地に代わる、沖縄県名護市辺野古の新基地建設です。有事にはＭＶ22オスプレイが１００機駐留可能（森本敏『オスプレイの謎』）で、普天間基地にはない弾薬庫なども設置されます。政府は２０１５年10月から埋め立て本体工事に着工。20年10月までを工期にしていましたが、基地建設に反対する県民のたたかいに加え、埋め立て区域北側の大浦湾に広がる軟弱地盤の改良のため工事が長期化し、経費も膨張しました。防衛省沖縄防衛局は２０１９年12月、工期は約9年3カ月、費用は当初想定の約３５００億円の２・7倍に達する９３００億円になるとの見通しを示しました。一方、沖縄県は総額2兆５５００億

ヘリパッドの工事現場＝2020年2月、沖縄県東村高江

円に上ると試算しています。

さらに、ＳＡＣＯ経費として、日本政府は１９９６年度から２０２０年度までに沖縄県の北部訓練場「過半返還」の条件として、東村高江《ひがしそんたかえ》の米軍ヘリパッド６カ所の建設費計１１５億円を計上。オスプレイの運用を前提にした、最新鋭のヘリパッドが建設されました。日米両政府は16年12月に「完成」を表明しましたが、その後も工事が続きました。

そもそも、沖縄の米軍基地は約76・5％を民公有地が占めており（２０１９年3月現在）、大半は、私有財産の没収を禁じた戦時国際法（ハーグ陸戦条約第46条）に違反して民間地を囲い込んだり、米軍占領下の１９５０年代、「銃剣とブルドーザー」で奪った土地の上に建設されています。「移設条件」をつけること自体許されません。無条件の閉鎖・撤去が当然です。

5 グアム移転　世界に例ない米領内基地建設への資金提供

日本国民の税金を使った米軍基地整備は、2006年の在日米軍再編計画に基づく在沖縄海兵隊のグアム移転で新たな段階に入りました。

前代未聞の負担

日本政府は「沖縄の負担軽減」を口実に、米領グアムに最新鋭の海兵隊基地の提供を約束。これは総額86億ドルのうち上限28億ドルを負担するものとなります。

日本政府は2009年に署名されたグアム移転協定に基づき、20年度までに2702億円を米政府に提供しました。将来的な返還がありうる在日米軍基地とは違い、グアムの基地インフラは米国の資産になります。米領内の基地建設のための資金提供は国際的にも例がありません。

日本が提供した資金に基づくグアムの基地建設事業は、海軍コンピューター・通信基地（フィネガヤン地区）内の司令部塔や庁舎、下士官用隊舎、生活関連施設などに加え、南アンダーセン地区やテニアン島での戦闘・射撃訓練場なども含まれています。（地図）

日米両政府は06年5月に米軍普天間基地（沖縄県）の名護市辺野古への「移設完了」を条件に、米海兵隊のグアム移転で合意。しかし、沖縄県民のたたかいで辺野古新基地建設が進まず、

12年4月の日米安全保障協議委員会（2プラス2）で、新基地建設の進展にかかわらずグアム移転を進める方針に転換しました。在沖縄海兵隊の定数1万9千人のうち9千人を国外移転。うち4千人をグアムに、5千人をハワイなどに移転するとしています。ただ、これらは机上の配分にすぎず、実際の駐留規模は流動的です。

本質は拠点強化

グアムへの海兵隊移転の本質は「沖縄の負担軽減」ではなく、アジア太平洋地域における出撃拠点としての基地強化です。12年の2プラス2共同発表は、アジア太平洋地域において米軍を地理的に分散させて抑止力を強化し、「戦略的な拠点としてのグアムの発展を促進する」と明記。米軍は中国の弾道ミサイル能力の向上や海洋進出を念頭に、兵力を西太平洋に分散配備する戦略を進めており、その一つがグアムの基地強化です。

そのために国民の税金を使うことは、日本の主権を揺るがす行為です。

日本の税金が使われるグアムの米軍基地

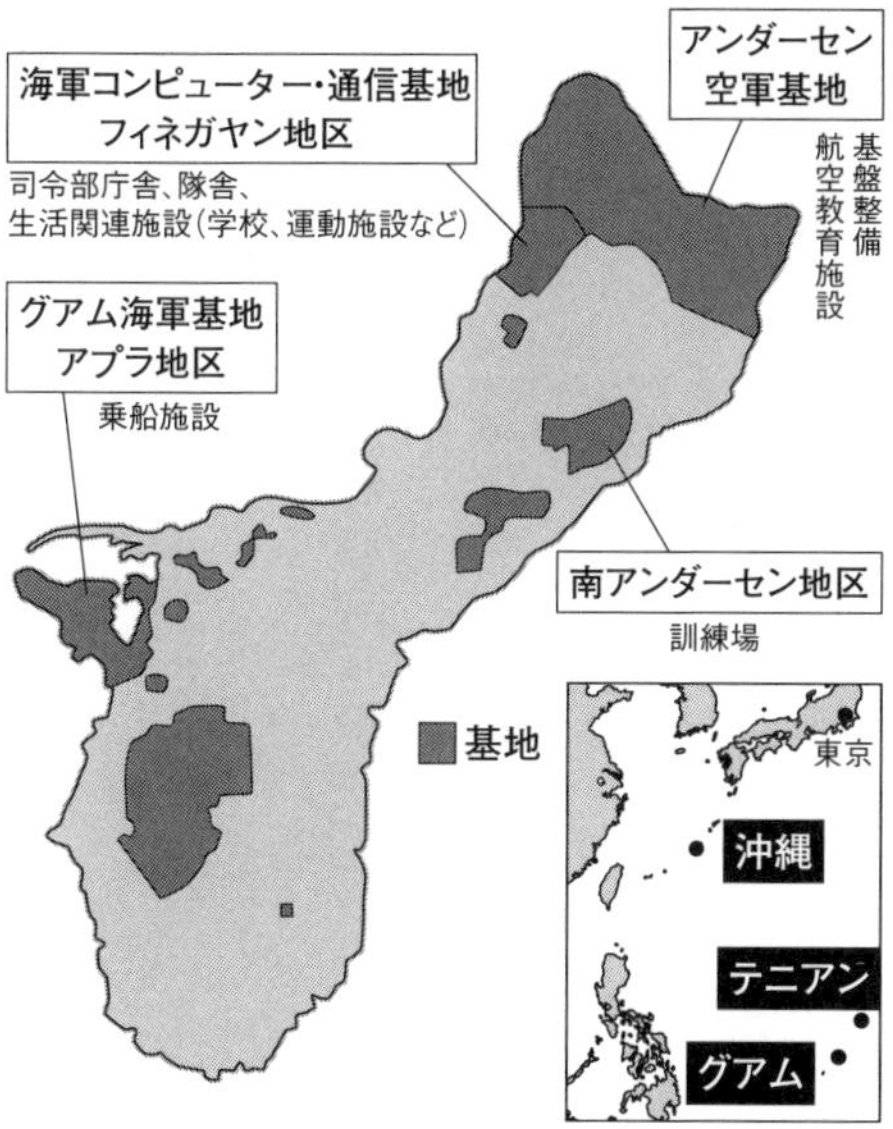

米国の不正義こそ問題

グアム基地強化に反対する住民団体　モネッカ・フローレスさんに聞く

西太平洋の戦略的要衝であるグアムは、米軍基地が面積の3分の1を占める「基地の島」です。住民の間には、沖縄からの海兵隊移転による「経済効果」への期待の一方、生活環境の悪化への懸念も強まっています。グアムの基地強化に反対する住民団体「プルテヒ・リテクザン（リテクザンを守れ）」のモネッカ・フローレスさんに思いを聞きました。

水、森、歴史壊す

最も懸念されるのが水源への影響です。米軍が新しい井戸を建設し、島の主な水源である帯水層から毎日約4540トンの水をくみ上げようとしています。その帯水層の真上に実弾射撃訓練場も造られ、実弾の鉛や発射火薬、消火剤などで汚染される危険があります。きれいな水は基本的人権であり、帯水層の破壊は私たちの人権の侵害です。

また、数千人の海兵隊員が押し寄せることで、犯罪の増加や家賃上昇、インフラの負担増など数多くの社会的影響も懸念されます。

基地や訓練場の建設のために約493ヘクタールの森林が伐採されています。建設作業中にグアムの先住民族チャモロ人の遺跡や埋葬地が新たに発見されました。今回初めて発見された歴史的価値のある貴重な遺物も見つかっています。（グアム先住民の）私たちチャモロ人にとって祖先が眠る場所は神聖な土地です。しかし、米軍は遺跡を破壊し、祖先の遺骨を紙袋に入れて保管していました。

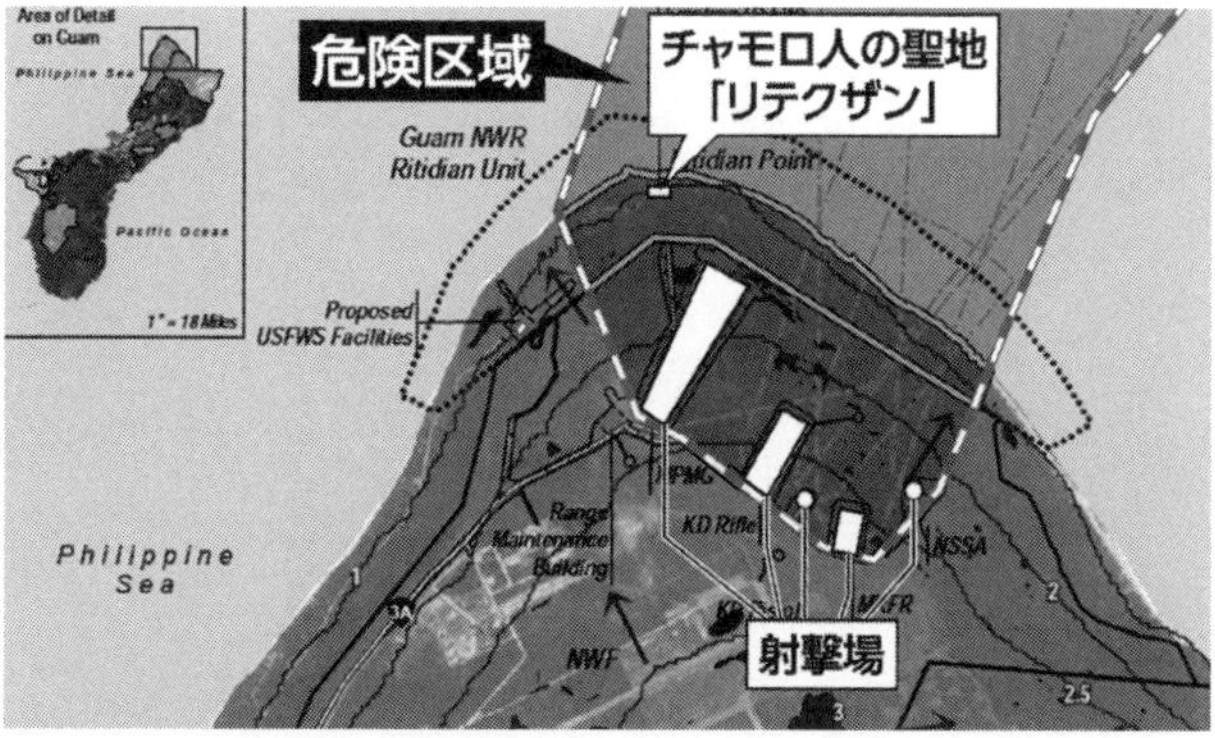

グアム北西部に建設が予定されている射撃訓練場（グアム・米軍移転に関する環境影響評価書から）

「ラッテストーン」という石柱などのチャモロ人の遺跡が残るリテクザン（提供写真）

沖縄の人と連携

アンダーセン空軍基地の北西部に隣接するリテクザ

ンは、絶滅危惧種を含む多くの動植物が生息し、祖先の暮らしを伝える遺跡や埋葬所、壁画が残っている聖地です。そこに射撃訓練場が建設されようとしています。

グアムの住民は政治的な権利や自治を制限され、米国の植民地とされています。

「ブラック・ライブズ・マター（黒人の命は大切）」運動にみられるように、米国の白人至上主義と資本主義が大きな問題です。米国で起きている警察による暴力、人種差別主義、白人至上主義は全て植民地化・軍事化とつながっており、資本主義がこの抑圧をささえています。

「沖縄の海兵隊をどこに移すか」ではなく、この体制を解体させ、米国の不正義をやめさせなければなりません。海兵隊の行くべき場所はありません。

日本政府はご自身の国民の声を聴いてほしい。沖縄の方々は米軍基地による暴力や戦争リスクに反対して声を上げてきました。私たちは高江「ヘリパッドいらない」住民の会など沖縄の方々と連携し、今後も活動していきます。

6 国民の税金でいたれりつくせり

ゴミ分別も〝思いやり〟

米軍「思いやり予算」映画で告発
監督　リラン・バクレーさん

「全国どこでも、住民はゴミ分別で苦労しています。それなのに、分別しない米軍のために、日本国民の税金でゴミ分別施設まで建設することが許されるのか」。日本政府による米軍「思いやり予算」の実態を告発したドキュメンタリー映画「ザ・思いやり」監督のリラン・バクレーさん（神奈川県海老名市在住）は、こう憤ります。

予算の使途自由

日米両政府は1973年10月、「家族居住計画」の名の下で、米海軍横須賀基地（同県横須賀市）の空母母港化を強行。基地内の家族住宅が不足していたため、大量の米兵が家族を帯同して横須賀市や横浜市など、基地外の賃貸住宅に居住するようになりました。

バクレーさんが入手した93年4月付米海軍の文書によれば、米国人はゴミ分別の習慣がないため、曜日ごとに分別を行う日本の習慣に適応するのが難しく、基地外の米軍関係者は大量のゴミを基地内に持ち込んでいました。これを処理するため、分別施設を含む大規模な焼却炉の建設を提案。詳細な設計図まで添付されています。

「思いやり予算」で建てられたゴミ分別施設＝2004年11月22日（日本共産党逗子市議団撮影）

文書は同施設について、「日本政府の資金による提供施設整備（ＦＩＰ）に基づいて、日本政府が建設」すると明記しています。ＦＩＰとは、米軍「思いやり予算」の費目の一つで、米兵用の住宅や学校・娯楽施設、格納庫や倉庫など基地関連施設を建設する計画です。

防衛省南関東防衛局は「しんぶん赤旗」の取材に対し、分別施設は97年度に完成し、米軍「思いやり予算」1億2千万円が使われたことを明らかにしました。（現在は基地内で排出されたゴミに限定）

しかし、防衛局には分別施設のために資金を提供した記録はありません。「ユーティリティー

（多目的施設）」などの費目で資金を提供し、あとは何を建設しようが米軍の自由。事実上の「つかみ金」であるという実態が浮かび上がりました。バクレーさんは、こうした経緯を現在製作中の「ザ・思いやり」第3弾で明らかにする考えです。

在日米軍に疑問

2010年4月、内部告発サイト「ウィキリークス」が暴露した1本の動画が世界を震撼《しんかん》させました。イラク戦争真っただ中の07年12月、米兵がロイター通信の記者や一般市民をヘリから銃撃し、笑いながら殺害しているものです。映像を見て、あまりの怒りで3日間眠れなかったバクレーさんは、日本にいる米軍の存在に疑問を抱きます。建設的に何かできないかと模索する中で、「米軍への『思いやり予算』を東北の被災者に」と活動する人たちに出会いました。

民間人殺す米軍に豪華住宅提供

2011年4月、東日本大震災の翌月に被災地を訪問したバクレーさんは、仮設住宅について「物が何もなく、狭くてプライバシーもない。人間が住むような場所じゃなかった」と説明します。日本政府は、その後も相次ぐ自然災害の被災者には劣悪な住まいを押し付け、一方で米軍に対しては、豪華な住宅、ゴルフ場やプールなどの娯楽施設などを「思いやり予算」で提供してきました。

提供施設に2兆円

防衛省の資料によると、１９７９年度から２０１９年度の提供施設整備費の総額は、２兆３４７３億円にものぼります。その間に、２０７棟の隊舎（独身兵用宿舎）、１万１４６１戸の家族住宅が建設されました。加えて、06年の在日米軍再編ロードマップに基づく米原子力空母艦載機の岩国移駐に伴い、山口県岩国市内の愛宕山に家族住宅２６２戸が建設されました。

米空軍が公開している、横田基地（東京都福生市など）の上級幹部用住宅の間取り図をみると、寝室が四つ、浴室が二つ、広大なリビングやテラスが備わっています。防衛省の資料によると、最も高価な上級将校用住宅の場合、建設費だけで９６５０万円、面積は約２４５平方メートルにのぼります。

上級幹部用住宅の間取り図

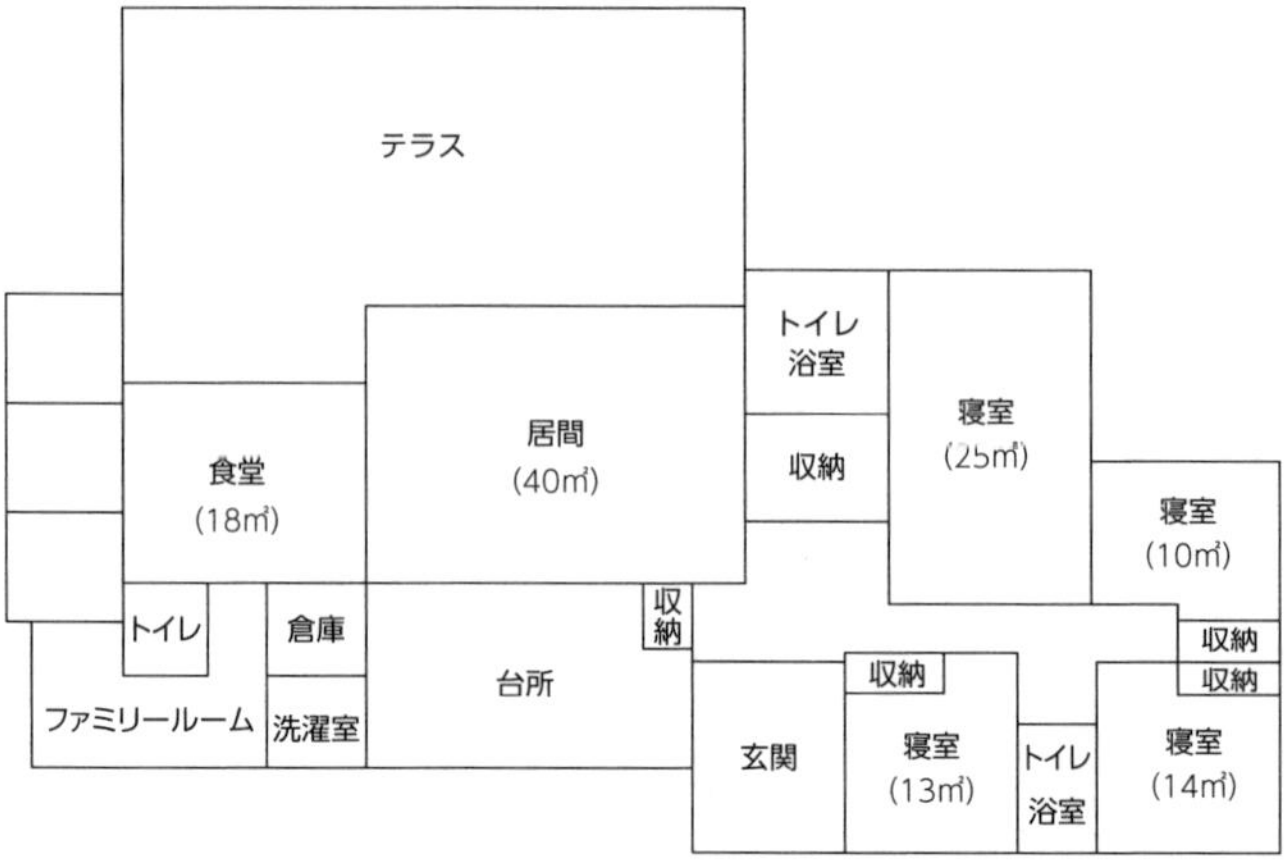

米海兵隊が沖縄の住環境を紹介する映像には、米軍住宅の大きなリビングや寝室が流れ、「どの住まいにも、米国の家庭と同じ様式の家具や設備が備わっています」と説明。沖縄の景色と共に、そこで充実した生活を送る米兵やその家族が映し出されています。

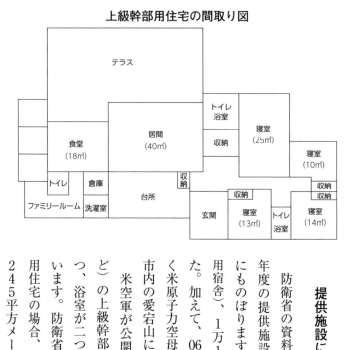

光熱水費も税負担

住宅だけではありません。基地内で使用する光熱水費も全て「思いやり予算」で提供されています。防衛省の資料によれば、18年度は約400億円にのぼっています。（**表**）

米軍にとって日本は最適な場所であり、バクレーさんは、その理由として「利便性」をあげます。ドキュメンタリー映画「ザ・思いやり」第1弾で取り上げた、神奈川県逗子市にある神《じん》武《む》寺《じ》駅。当駅でベビーカーを押した外国人女性が改札へ向かいましたが、そ

沖縄にある米海兵隊員の住宅（米軍の動画・画像共有サイト「ＤＶＩＤＳ」から）

在日米軍の光熱水料等料金実績額
（電気、ガス、水道、下水道および暖房用等燃料の区分ごと）

品目	実績額（2018年度）
電気	248億7300万円
ガス	46億8500万円
水道	37億3900万円
下水道	16億4800万円
燃料	47億400万円
合計	396億5000万円

※計数は、四捨五入によっているため、符合しないことがあります

「思いやり予算」で建てられた神武寺駅の米軍専用改札口＝2020年7月14日、神奈川県逗子市

の先は通常の改札ではなく、踏切を挟んだ先にある建物でした。そこには、「警告　立ち入り制限区域　許可されたもの以外の立ち入りを禁ず」とあります。米兵やその家族らが、隣接する米海軍池子住宅地区に直接行けるようにする目的で、08年につくられた米軍専用の改札口です。米軍人の「利便性」のために、1億2千万円もの「思いやり予算」が使われました。

前作でバクレーさんは、三沢基地近くの青森駅前でアンケートを実施。米軍がシリアやヨルダンで子どもたちや民間人を殺している事実を知らせた上で、その米軍が三沢基地を足場にしていることを伝えると、誰もが「おかしい」「日本を守るためではない」と声をあげます。

バクレーさんは語ります。「日本人にとって、米軍の存在が当たり前になり、撤退されるのが怖くなってしまった。でも、戦後米軍が他国に対して何をやってきたのかを知れば、そういう人たちを日本においてはならないという気持ちになると思います。私は映画を通じて、米軍の本当の姿を知ってもらいたい」

米軍は少人数学級　「思いやり予算」使い

少人数学級の実現は、教職員や父母の長年の願いです。とりわけ、新型コロナウイルスの感染拡大のなか、感染予防と豊かな学びを保障するために、少人数学級実現を求める声が大きく広がっています。一方、米軍「思いやり予算」で建設された在日米軍基地内の学校は少人数学級が実現されています。日本の子どもたちには感染リスクと背中合わせの過密な教室を押し付けながら、米軍には日本の税金で快適な学校を提供する——。その不当性がコロナ禍で問われています。

池子住宅地区（神奈川県横浜市、逗子市）内の小学校（日本共産党の岩室年治逗子市議撮影）

日本が資金提供

米軍基地内の学校を運営する米国防教育局（DODEA）によれば、小学校1～3年の1クラスあたりの定員は18人、小学校4年～中学生までは24人とされています。一方、日本では小1でも35人、小2以降は40人です。教室の面積基準も79平方メートルで、63～64平方メートルとされる日本の平均的な教室より広くなっています。

小中学校の定員・教室面積

	日　本	米軍基地内の学校
定員（人）	小1　35 小2～　40	小1～小3　18 小4～　24
面積	63～64㎡	79㎡

在日米軍基地内の学校数

本土	三沢	(2)
	横田	(4)
	横須賀	(4)※
	座間	(2)※
	厚木	(1)
	岩国	(4)
	佐世保	(3)
沖縄	嘉手納	(7)
	マクトリアス	(1)
	桑江	(1)
	瑞慶覧	(3)
	牧港	(1)
合計		33

※近隣の住宅地区を含む

DODEAによれば、2020年現在、在日米軍基地に存在する学校（小中高）は33。一方、防衛省が日本共産党の赤嶺政賢衆院議員に提出した資料によれば、「思いやり予算」の一部である「提供施設整備」（FIP）に基づいて日本が資金提供した学校数は36です。

建設費は時期や規模によって異なりますが、米軍関係者の子どもたちの通学の負担を減らすためとして、2014年に完成した池子住宅地区（神奈川県）内の小学校の場合、予算額は約67億円にのぼっています。

日本の子らにも

17年に同小学校を視察した日本共産党の岩室年治逗子市議によれば、教員と補助教員の2人体制で授業が行われており、いじめ問題などに対応するため、心理カウンセラーが年に2回、生徒全員と面談するといいます。岩室議員は「同じ教育環境が逗子、日本の子どもにも提供できたら」との感想を持ったといいます。

7 米軍訓練移転　沖縄の負担減らず、全土に拡散

「負担軽減」口実に589億円

日本政府がこれまで負担してきた在日米軍の訓練移転費が累計で589億円にのぼることが分かりました。米軍の同盟国で、訓練移転経費まで支払っているのは日本だけです。「地元負担の軽減」のためといいながら、日本全土を米軍の訓練場として強化し、基地被害の苦しみを拡散しているのが実態です。

負担の根拠なし

日本政府が経費負担をしている米軍訓練の移転は、①米空母艦載機による夜間離着陸訓練（NLP）の厚木基地（神奈川県）から硫黄島（東京都）への移転、②SACO（沖縄に関する日米特別行動委員会）合意に基づく在沖縄米海兵隊の県道104号線越え実弾砲撃演習の本土5カ所への移転、③SACO合意に基づくパラシュート降下訓練の読谷《よみたん》（沖縄県）から伊江島（同）への移転、④在日米軍再編に係る米軍機の訓練移転――の4分野（**次のページの表**）です。

支払い根拠になっているのは、1995年に改定された在日米軍駐留経費負担（「思いやり予

米軍訓練移転費の日本負担

（2019年度まで）

①「思いやり予算」のNLP移転費（1996年度～）	8667
②SACO経費の実弾砲撃演習移転費（97年度～）	19949
③SACO経費のパラシュート降下訓練移転費（2000年度～）	44
④米軍再編経費の米軍機訓練移転費（06年度～）	30256
合計	58916

（単位：100万円）

＊④については、19年度分が未確定のため18年度分までの金額

算」）特別協定第3条。改定に伴う日米の往復書簡では、訓練移転経費の見積もりは米政府が行い、日本はその見積もりを「考慮」するとしており、米側の要求次第で金額が拡大する仕組みになっています。

そもそも、日米地位協定は、地代や補償などを除き「日本に米軍を維持するためのすべての経費は、日本に負担をかけないで米国が負担する」（24条）としており、訓練費用を負担する根拠はありません。

政府もかつては、「訓練、演習そのものの経費、これは米軍が負担すべき経費だというふうに考えます」（1995年2月27日衆院外務委員会・時野谷敦外務省北米局長）と答弁しています。

騒音さらに激化

①～④の訓練移転はいずれも、基地周辺住民の「負担軽減」を口実に行われています。

しかし、米空母艦載機離着陸訓練（FCLP）の一部であるNLPは、硫黄島移転後も厚木のほか横田（東京都）や岩国（山口県）などで実施され、騒音被害をもたらしました。艦載機が移駐された岩国では騒音がいっそう激化しています。

沖縄県道104号線越え実弾砲撃演習移転も、当初は沖縄と「同質同量」とされていました

日本側経費負担による米軍訓練の全国への移転

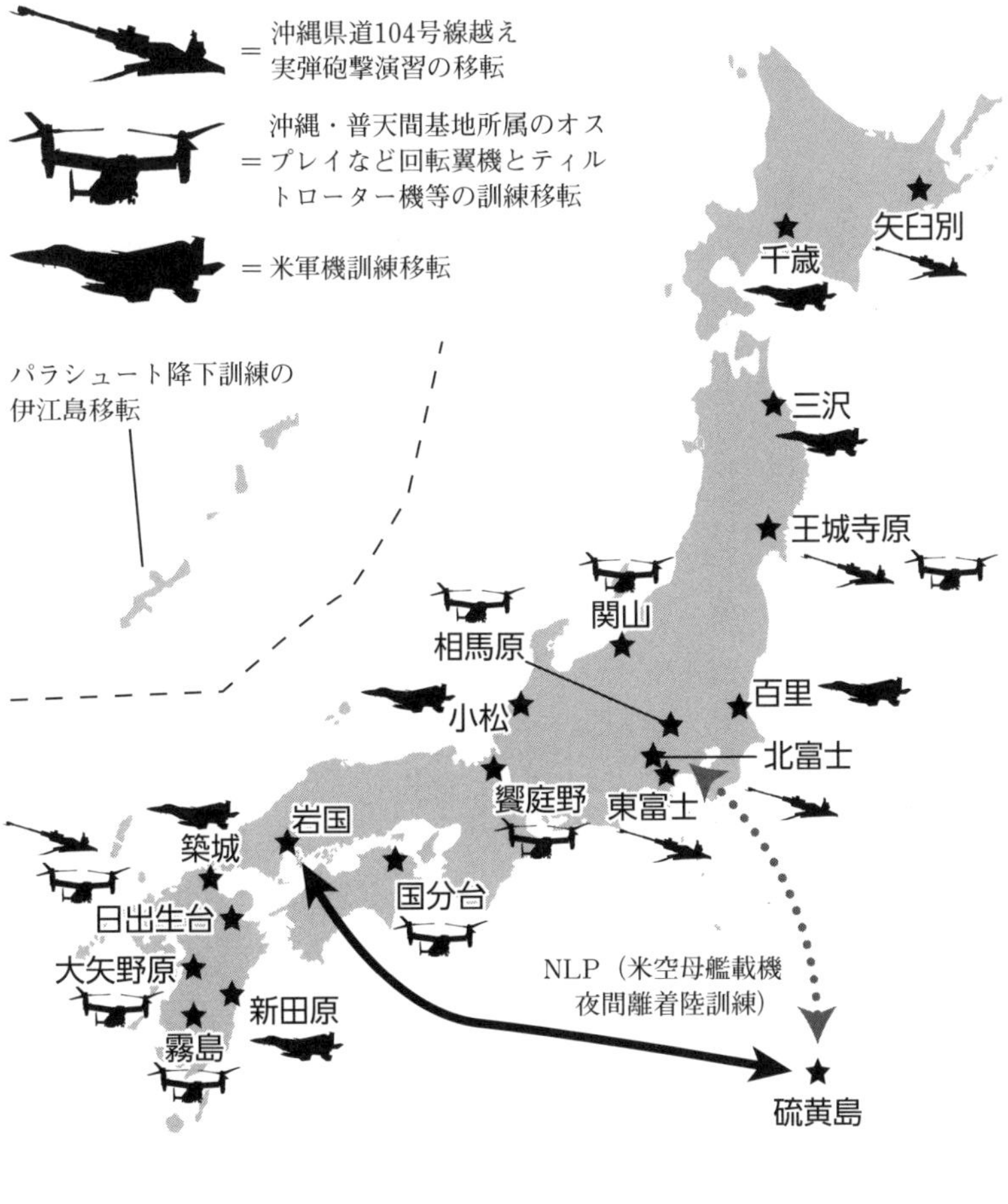

が、使用兵器や部隊規模が拡大し、質・量とも大きく超えています。加えて、移転先の自衛隊基地に米軍専用施設を建設するなど、自衛隊基地の「米軍基地化」が加速。18年度までの施設整備の支払額は127億3800万円にのぼります。

沖縄の嘉手納基地や普天間基地から「訓練移転」として米軍機が全国に飛来する一方、嘉手納・普天間には、新たな外来機の飛来が急増するなど訓練が激化。騒音被害が拡大し続けています。

移転費負担　他国に例なし

すでに述べたように、そもそも日米地位協定上、日本側に米軍の訓練経費を支払う義務もなく、政府もそう考えていました。

しかし、米国は1995年2月27日に公表した「東アジア・太平洋安全保障戦略」で、同盟国に対して海外での軍事作戦の強化や駐留米軍の経費負担など「責任分担」を強調しました。さらに米国防総省は同年4月から「共同防衛に対する同盟国の貢献度報告」を公表。同盟国に経費負担の拡大を露骨に要求する立場を示しました。

こうした戦略を背景に行われた米軍「思いやり予算」特別協定の延長協議の中で、米国は新たに米空母艦載機のNLP（夜間離着陸訓練）等の訓練移転費の負担などを要求。95年9月に調印された特別協定で「合衆国軍隊の効果的な活動を確保する」ことを目的に、米軍の訓練費の一部を日本が負担するようになりました。

いっそう増額

訓練移転費の負担について、折田正樹外務省北米局長（当時）は、「双方で協議をしている中でこういうアイデアが出てきた」（95年11月9日、参院外務委員会）などと述べています。

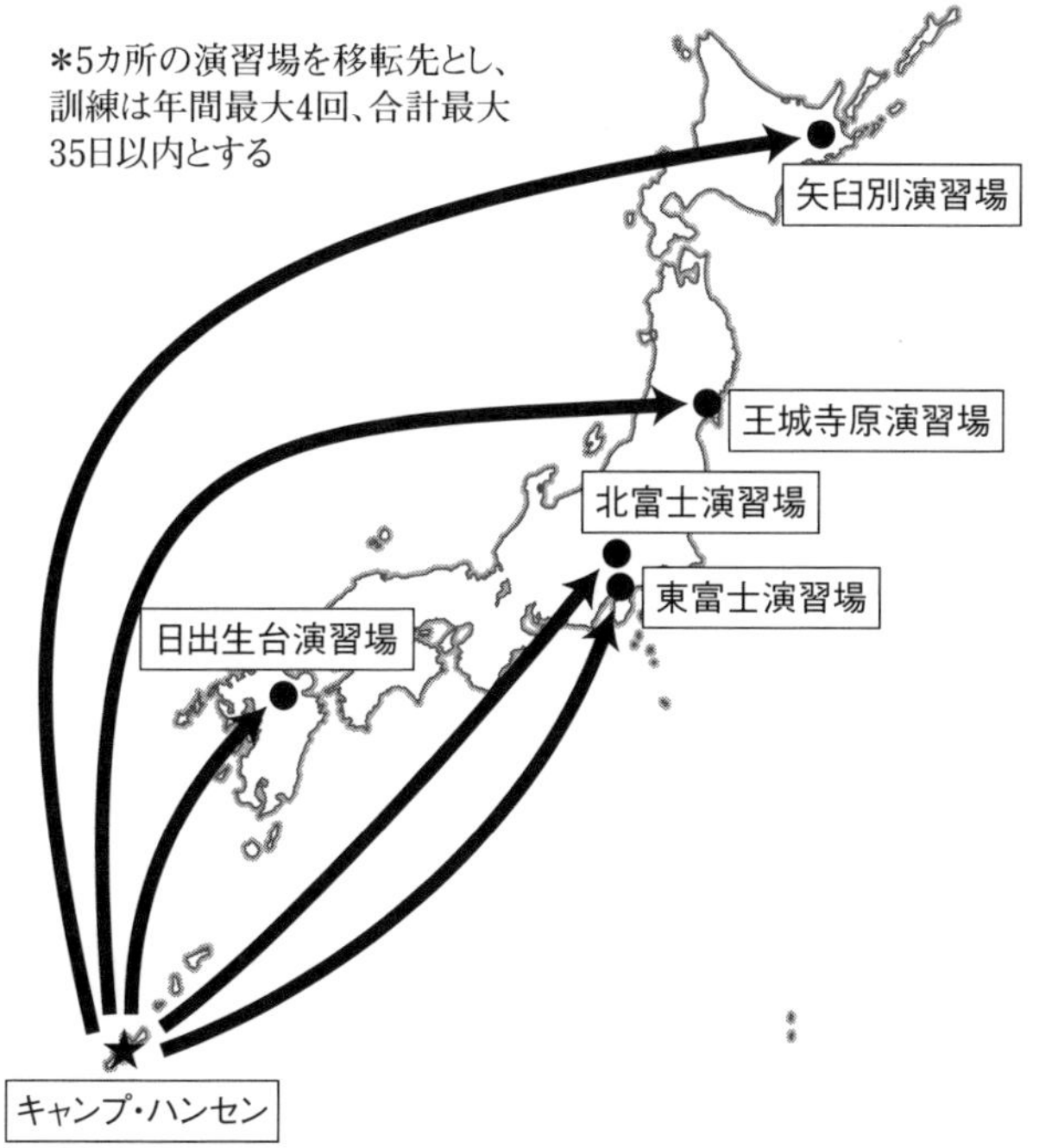

これを機に訓練移転経費負担はいっそう拡大。沖縄に関する日米特別行動委員会（ＳＡＣＯ）経費の一部として、「沖縄の負担軽減」を口実に、97年度から沖縄県道１０４号線越え実弾砲撃演習、２０００年度からパラシュート降下訓練の費用負担が始まりました。

06年度からは在日米軍再編経費の一部として、米軍機訓練移転の費用負担を開始。嘉手納（沖縄県)、三沢(青森県)、岩国(山口県)の三つの基地の米軍機が、千歳(北海道)、三沢(青森県)、百里(茨城県)、小松(石川県)、築城《ついき》(福岡県)、新田原《にゅうたばる》(宮崎県)の自衛隊施設での共同訓練に参加することに関する経費負担です。

「訓練移転費については、他国で同様の費用を負担している例は見当たらない」(08年3月26日、衆院外務委員会、西宮伸一外務省北米局長=当時)。政府自身がこう認めているように、米軍の世界規模での出撃、即応体制強化を、財政面からも支援する新たな段階へ踏み込みました。

16年9月の日米合同委員会で、普天間基地(沖縄県)所属の垂直離着陸機MV22オスプレイなどの訓練を、日本側の全額経費負担で県外へ移転することで合意し、2020年までに国内で計11回訓練が行われました。

米軍の分まで

重大なのは、米軍機訓練移転は日米共同訓練を兼ねていることです。従来は日米それぞれが費用を負担していた共同訓練の米側負担分を、「負担軽減」を口実に日本側が支払うようになったのです。

さらに、米空母艦載機離着陸訓練(FCLP)の移転をめぐり、馬毛島(鹿児島県西之表市)への基地建設も狙われて、用地買収費だけで当初鑑定額の3倍となる160億円。その上に、滑走路2本の最新鋭基地が建設されます。

沖縄の負担、解決せず

「沖縄の負担軽減」を逆手に取り、国民の税金を大量に投入して質量ともに訓練が強化されたのが、沖縄県道１０４号線越え実弾砲撃演習でした。

在沖米海兵隊はキャンプ・ハンセン内を通過する県道１０４号線を封鎖して、その上空を飛び越える形で１５５ミリ榴《りゅう》弾《だん》砲《ほう》の実弾射撃演習を強行。沖縄県は同演習の中止・廃止を繰り返し要求していました。

オスプレイからロープ降下する隊員＝2017年3月10日、群馬・相馬原演習場

155ミリ榴弾砲を射撃する米海兵隊＝北海道・矢臼別演習場（矢臼別平和委員会提供）

日米両政府は１９９６年のＳＡＣＯ（沖縄に関する日米特別行動委員会）合意に基づき、矢《や》臼《うす》別《べつ》（北海道）、王城寺原《おうじょうじがはら》（宮城

県）、北富士（山梨県）、東富士（静岡県）、日《ひ》出生《じゅう》台《だい》（大分県）の本土5カ所に移転。危険な訓練のたらい回しに、地元では反対の声があがりましたが、政府がこれを抑え込みました。

移転に200億円

1995年の在日米軍駐留経費負担特別協定に基づき、費用は日本政府が負担。これまでの移転費用は199億4900万円にのぼります。費目は人員・物資の輸送費や、給食・宿舎の管理サービス費など。輸送は日本通運や三井倉庫エクスプレスなど民間業者を使い、1回あたり2～3億円かかっています。輸送する物資には弾薬なども含まれ、戦時における民間動員の予行演習ともいえます。

費用負担はこれだけではありません。本土移転の措置を迅速実施するためとして、訓練移転先の自治体に対するSACO交付金を出しています。

さらに、矢臼別、王城寺原、日出生台での米軍専用施設整備に127億3800万円（2018年度まで）を支払っています。射撃観測塔、車両整備場、着弾監視装置などがつくられました。政府は「安全管

沖縄県道104号線越え実弾砲撃演習の本土移転にかかる日本側負担額

年度	負担額
1997	626
98	856
99	855
2000	847
01	823
02	876
03	899
04	982
05	1096
06	808
07	384
08	411
09	551
10	986
11	626
12	862
13	1068
14	1000
15	896
16	862
17	1087
18	1237
19	1311
合計	19949

（単位：100万円）

理施設」といいますが、米軍の「兵員待機施設」も含まれます。これは演習中、米軍の機材を保管するもので、砲撃演習に伴う事故防止などとは無縁。演習中、これらの待機施設には星条旗が掲げられ、演習場は米軍が優先的に使用します。事実上、自衛隊基地の米軍基地化です。宿泊施設や食堂もつくられ米軍が利用しています。演習情報を知らせる電光掲示板も設置されています。

重大なのは、本土移転に際し、政府が「沖縄と同質同量」だと説明していながら、年を追うごとに内容、部隊の参加規模が拡大するなど飛躍的な強化がされていることです。

当初は155ミリ榴弾砲の砲撃でしたが、小銃、機関銃のほか白リン弾や照明弾まで使われるようになりました。白リン弾は、空中で爆発し

日出生台での白リン弾砲撃=2020年2月13日、大分県玖珠町（高見剛氏撮影）

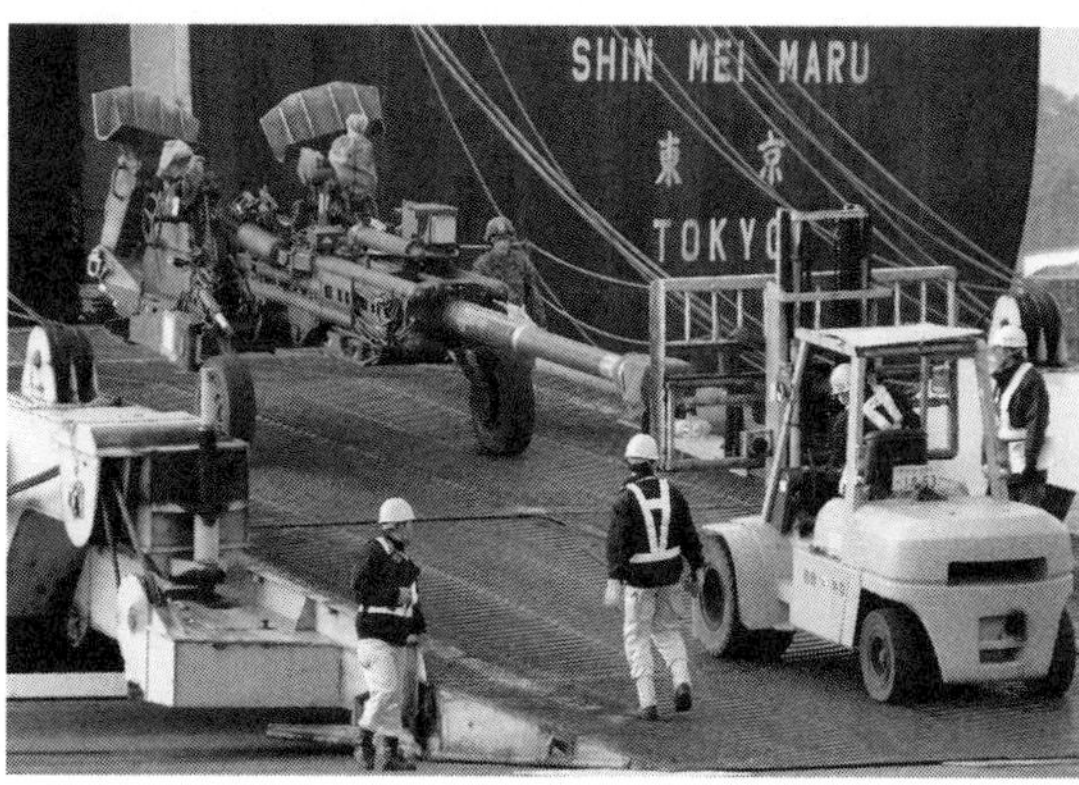

大分港に陸揚げされる榴弾砲＝2020年2月8日、大分市

人間の皮膚に付着すると高温で燃え続け、骨まで焼き尽くす残虐兵器です。
沖縄県によると、1973年から97年まで25年間行われた同演習の弾数は3万3100発（弾数不明の年が6回）。一方、本土移転後の23年間での発射弾数は8万1703発にものぼりました。（2020年2月現在）
矢臼別で演習監視行動をしている矢臼別平和委員会の中村忠士事務局長は、「海兵隊という異質の軍隊の訓練を税金で全国各地に引き込んでしまっていることは許しがたい。演習自体を廃止し、その費用を新型コロナウイルス対策、少人数学級など教育・福祉に使うべきだ」と話します。

協定違反続く

さらに、地元との協定さえ踏み破られる事態が続いています。

今年（2020年）2月に日出生台で行われた同演習では、地元自治体と国で交わした「夜間射撃の終了時間は20時まで」との約束が破られたほか、演習日数も超過。19年度は王城寺原でも日数超過し、本土での同演習は年間合計最大35日以内としたSACO合意にも反する計37日に及びました。

演習を監視する住民グループ「ローカルネット大分・日出生台」の浦田龍次事務局長は、「米軍司令官は地元説明会で〝訓練が最優先〟と言い放ちましたが、その姿勢が露骨にむき出しになった」と話します。

米軍は日本国民の税金を使って戦闘出撃態勢を強めています。では、肝心の沖縄の負担は軽減されたのでしょうか。

沖縄県平和委員会の大久保康裕事務局長は、在沖米軍に長射程の高機動ロケット砲システム（ＨＩＭＡＲＳ）が配備され、本土での実弾演習にもＨＩＭＡＲＳが使用されていると指摘。「むしろ全国的な強化になっている」と語ります。

06年度から費用負担が始まった嘉手納基地（沖縄県）などからの米軍機訓練移転も空対地射爆撃訓練を追加するなど規模が拡大。普天間基地のＭＶ22オスプレイの訓練移転も、沖縄県の調査で、移転期間中に米軍機全体の飛行回数が逆に増えていた実態が明らかになっています。

大久保さんは「オスプレイは日米合意に反し深夜・早朝の飛行を繰り返し、新たな訓練も強化されている。移転で基地問題が解決しないことは明らかだ」と強調します。

8 日本が賠償負担 数百億円

米軍の事件・事故21万件 日本人1097人死亡

旧日米安保条約が発効した1952年度から2019年度までに、在日米軍の兵士や軍属らによる事件・事故の件数が21万2247件に達し、日本人1097人が死亡したことが、防衛省が日本共産党の赤嶺政賢衆院議員に提出した資料から明らかになりました。

しかも、日本政府は支払い義務のない賠償金を含め数百億円規模で負担しています。「日本を守る抑止力」といいながら、日本人の命や安全が米軍に脅かされ、その賠償金ま

米軍の事件、事故

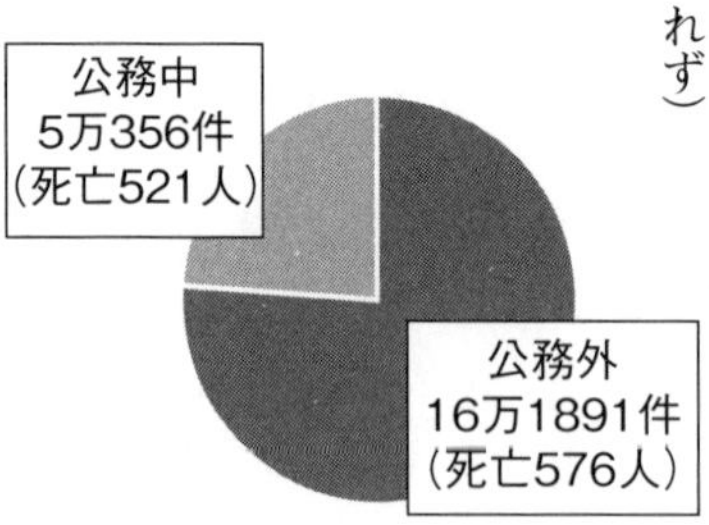

1952~2019年度（本土復帰前の沖縄は含まれず）

過去5年間の発生状況、賠償額

年度	公務中			公務外	
	件数	死亡者	賠償額	件数	死亡者
2015	212	0	9784	210	0
16	220	0	4239	208	1
17	222	0	5584	209	1
18	207	0	22636	269	2
19	170	0	8797	285	2

（万円）

で税金で肩代わりされています。

爆音訴訟は拒否

米軍関係者による「公務中」の事件・事故に伴う損害賠償は、日米地位協定18条に基づき、米側が75％、日本側が25％を負担します。防衛省によれば、「公務中」の事件・事故に対して日本側が支払った賠償額は累計約95億3205万円。ただ、米軍機の爆音訴訟で確定した賠償金について、米側は、地位協定に基づいて基地の自由使用が認められているとして支払いを拒否。防衛省はこれまで、米軍・自衛隊分をあわせて賠償金を約725億円支払っています。比率は明らかにしていませんが、最高裁判決では米軍分で約351億円が確定しています。

支払い義務なし

一方、「公務外」の場合はどうか。防衛省の資料によれば、事件・事故の76％は「公務外」に発生。近年では、元海兵隊員の軍属が沖縄県うるま市の20歳の女性を暴行・殺害（16年）、同県北谷町《ちゃたんちょう》で米海兵隊所属の海軍兵が女性を殺害した事件（19年）など凶悪犯罪が起きています。

しかし、「公務外」の場合は被害者が日本政府を通じ、米政府に「慰謝料」を請求。米側に支払い義務はなく、応じる場合でも支払額は米側次第です。多くは泣き寝入りで、訴訟を提起した場合でも、判決で確定した賠償額を下回る金額しか支払われません。

こうした被害者に対する救済制度として、1996年、日本政府が判決額との差額を補てんする「SACO見舞金」が設立されましたが、手続きの煩雑さなどの問題点もあり、支払いは2019年度までに5億8977万円にとどまっています。

米軍事件・事故の被害者救済に取り組んでいる沖縄弁護士会の新垣勉弁護士は、日本政府による十分な被害補償制度の確立を訴えた上で、「日本側による賠償金などの負担は、ある意味で『思いやり負担』の性格を有している。主権対等な国家間の駐留であれば、米軍、米兵等の不法行為の賠償責任は、最終的に米国に負担させるべきだ」と指摘します。

〝泣き寝入り〟圧倒的　米支払い2～3%

1994年の年末の夜、その事故が沖縄市内で起きました。赴任したばかりの米兵が右側の車道を走り、村上有慶さんの長男が運転する自動車と正面衝突。助手席にいた知人女性が重傷を負いました。しかし、米兵が任意保険に未加入だったため、補償のめどがたちませんでした。米兵は一度は謝りに来た後、音信不通に。村上さんは、「公務外」の事故に対する補償を規定した地位協定18条6項に基づき、那覇防衛施設局（当時）に「慰謝料」を請求したものの、1年以上も放置されたあげく、提示は請求の92万円に対しわずか30万円でした。やむをえず承諾しましたが、さらに半年放置されました。

村上さんは粘り強く謝罪を求めました。すると96年、米海兵隊基地司令部から、加害米兵の給料から分割して支払わせると連絡が入り、22回にわたって基地まで受け取りに行きました。海兵隊の担当官が「あなたのような例は珍しい」と驚いたといいます。

村上さんは不十分ながら支払いを勝ち取りましたが、圧倒的多数の被害者は泣き寝入りです。「公務外」の事故で米側が慰謝料の支払いに応じる例は2～3％にすぎません。支払う場合も、基本的には加害米兵ではなく米政府が支払います。「これでは、日本で交通死亡事故や強姦《ごうかん》事件を起こしても痛くもかゆくもない。加害米兵が賠償金を支払うのが当然だ」

新垣弁護士は、「公務外の不法行為について特別措置法を制定し、日本側が損害賠償につき代位責任を負い、被害補償を行った上、米国ないしは加害米兵に対し、求償する制度を構築すべきだ」と提起します。

加害米兵に痛み与える制度を

被害者の遺族　山崎正則《さん》さん（72）

2006年1月、神奈川県横須賀市で佐藤好重さん＝当時（56）＝が米空母キティホークの乗組員に撲殺される事件が発生しました。夫の山崎正則さん（72）は長い裁判闘争を経て賠償金を勝ち取りましたが、米側に圧倒的に有利な賠償制度の改善を強く訴えています。

事件から3カ月後、防衛施設局の職員が損害賠償請求手続きのため、自宅を訪れました。「米政府が承諾すれば支払われます。額は好きなだけ書いてください」と言われたので、私は「金は要らないから、好重を返してくれ」と言いました。

その後、米軍の司令官から送られた謝罪文には「この事件をきっかけに、より日米同盟が強化されることを願う」と書かれてありました。どうして日米同盟のために、好重が殺されなければならなかったのか——。このまま黙っていれば、好重がかわいそうだと思い、裁判を起こしました。

私は、日米両政府の責任の追及、「米兵の永久免責」を認めないという立場で、裁判をたたかってきました。「公務外」の事件の場合、被害者が「米兵の永久免責」が記された示談書に署名・押印しなければ、米政府は見舞金を支払わないというものです。見舞金を受け取るのに、なぜ犯人の免責を先にしなければならないのか。日本政府は「米側がそういっているから」と、最後まで折れませんでした。

事件から11年後の17年、加害米兵に対し約6500万円の支払いを命じた横浜地裁判決が確定しました。しかし、見舞金を支払うかどうか、またその額は米側次第です。私の場合も、米側が見舞金として出してきた金額は判決額の4割にすぎず、6割はSACO見舞金に基づき支払われました。もちろんそれは国民の税金です。

その上、賠償額が支払われるまでの年5%の遅延損害金は除外されています。裁判が長引くほど支払わなければならないものを放置し、見舞金だけであきらめる被害者を多く生み出しています。

平和憲法がある中で、政府の政策として基地を置いておいて、「公務外」だからといって米兵が起こす事件・事故に責任がないというのは根本的におかしい。公務中・公務外の区別をなくし、米側により多くの支払いを請求することで、米側に痛みを与えることが、改善につながります。私はこれからも、声を上げ続けます。

9 米軍こそ「安保ただ乗り」

日本の基地 作戦に不可欠

軍事ジャーナリスト 前田哲男さんに聞く

〝思いやり予算〟廃止しかない

在日米軍の駐留経費をめぐり、米側は「米国は日本を守っているのだからコストを払うのは当然」だと要求し、日本側も「在日米軍は日本を守る抑止力」であるという固定観念にとらわれ、唯々諾々と増額に応じてきました。本当にそうなのか――。軍事ジャーナリストの前田哲男さんに聞きました。

乱暴な議論

安全保障のコストを考える場合、そもそも軍事力が唯一の手段なのか吟味しなければなりません。第2次世界大戦後に国連憲章で戦争行為は違法とされ、国際法や国連の下にある安全保障が構築されました。そういう成り立ちの上に今の国際社会はあります。いきなり軍事力というオプションから入り、コストに結びつけるのは乱暴な議論でしょう。

そもそも米国が日本の全てを軍事力で守っていません。尖閣諸島でさえ、日米首脳会談などのたびに「日米安保条約第5条が適用される」と確認しなければならない体たらくです。在沖縄米海兵隊も年間の半分以上はオーストラリアなど海外に展開しており、日本防衛のためだけでないのは明らかです。

このことは日米安保条約を見ても明瞭です。第5条で、条約区域は「日本国の施政の下にある領域」と定め、いずれか一方への武力攻撃に共同して対処するとしています。一方、第6条で基地の使用目的は「極東における国際の平和及び安全の維持」と定めています。さらに、国会で示された政府見解では米軍の行動範囲に限定はありません。①条約区域（日本）②駐留目的区域（極東）③行動範囲（全世界）――の3層構造になっているのです。「日本防衛のために米軍基地がある」とするのは誤りです。

巨大な権益

米側から見た在日米軍基地とは何か。一言でいえば巨大な資産であり権益です。在日米軍基地なくして朝鮮戦争やベトナム戦争、湾岸戦争はたたかえなかったでしょう。米本土から出撃すれば莫大な時間と費用が必要だからです。〝日本は安保にただ乗りしている〟という「安保ただ乗り」論が米側から繰り返し出されていますが、むしろ米軍がただ乗りしているのが実態です。

日米地位協定24条は、①土地や既存施設は日本側の負担②必要な施設整備や人件費、光熱水

南シナ海に展開する在沖縄米海兵隊の主力・第31海兵遠征隊（31MEU）=2020年4月21日（米海兵隊ウェブサイトから）

費などの運営費用は米側の負担――だと整理しています。私が長崎県佐世保市で勤務していた１９６０年代は、基地従業員の給料は米国の予算委員会で審議され、支給されていました。そのため、米海軍佐世保基地の従業員も米議会の予算審議の動向に注目し、最大の関心を払っていました。それが今も変わらぬ日米地位協定の原則です。

78年度に「思いやり予算」が生まれた当時は、どう英訳するのかが日米両政府の悩みの種でした。「思いやり」にあたる英語がないのです。強いて訳せば「シンパシー・バジェット（同情予算）」です。しかし、在日米大使館関係者の話では「同情予算」という名目では米議会が烈火のごとく怒るため、「ホスト・ネーション・サポート（接受国支援）」という名称をつけたそうです。英訳すら困難なほど日米地位協定から見て異常な予算だったのです。

対等は可能

２０２０年秋から新たな「思いやり予算」特別協定の交渉が本格化します。日米地位協定からも逸脱した特別協定は廃止するのが当然です。本来であれば「米軍こそがただ乗りしてきた」と批判すべきだし、43年間払い続けてきた「思いやり予算」は「協定違反の支払い超過だった」とテーブルに乗せて交渉することも可能なはずです。しかし、米国に追随してきた自民党政府には無理でしょう。だからこそ政権を代えなければいけません。

最終目標は日米安保条約に代わる別の枠組みを米側に提示することですが、ドイツやイタリアは地位協定を改定し、米軍の訓練規制や自治体の基地立ち入り権の拡大を実現しました。仮に安保条約に手を付けなくても、日本も地位協定を改定し、これまで過度に提供してきた権益を対等に修正することは可能です。

安保改定《あんぽかいてい》60年《ねん》Ⅱ 「思《おも》いやり予算《よさん》」 異常《いじょう》な経費負担《けいひふたん》の構造《こうぞう》

2020年11月28日　初　版

著　者　「しんぶん赤旗」政治部 安保・外交班
発　行　日本共産党中央委員会出版局
〒151-8586 東京都渋谷区千駄ヶ谷 4-26-7
TEL 03-3470-9636 / mail:book@jcp.or.jp
http://www.jcp.or.jp
振替口座番号 00120-3-21096
印刷・製本　株式会社 光陽メディア

落丁・乱丁がありましたらお取り替えいたします

ISBN978-4-530-01695-3 C0031 Printed in Japan